...ffroy-S.-Hilaire.

Mémoire sur

enfant quadrupède.

L. 1831.

MÉMOIRE

SUR

UN ENFANT QUADRUPÈDE,

NÉ A PÀRIS ET VIVANT,

MONSTRUOSITÉ DÉTERMINÉE SOUS LE NOM GÉNÉRIQUE,
D'*ILEADELPHE*;

PAR M. GEOFFROY-S.-HILAIRE.

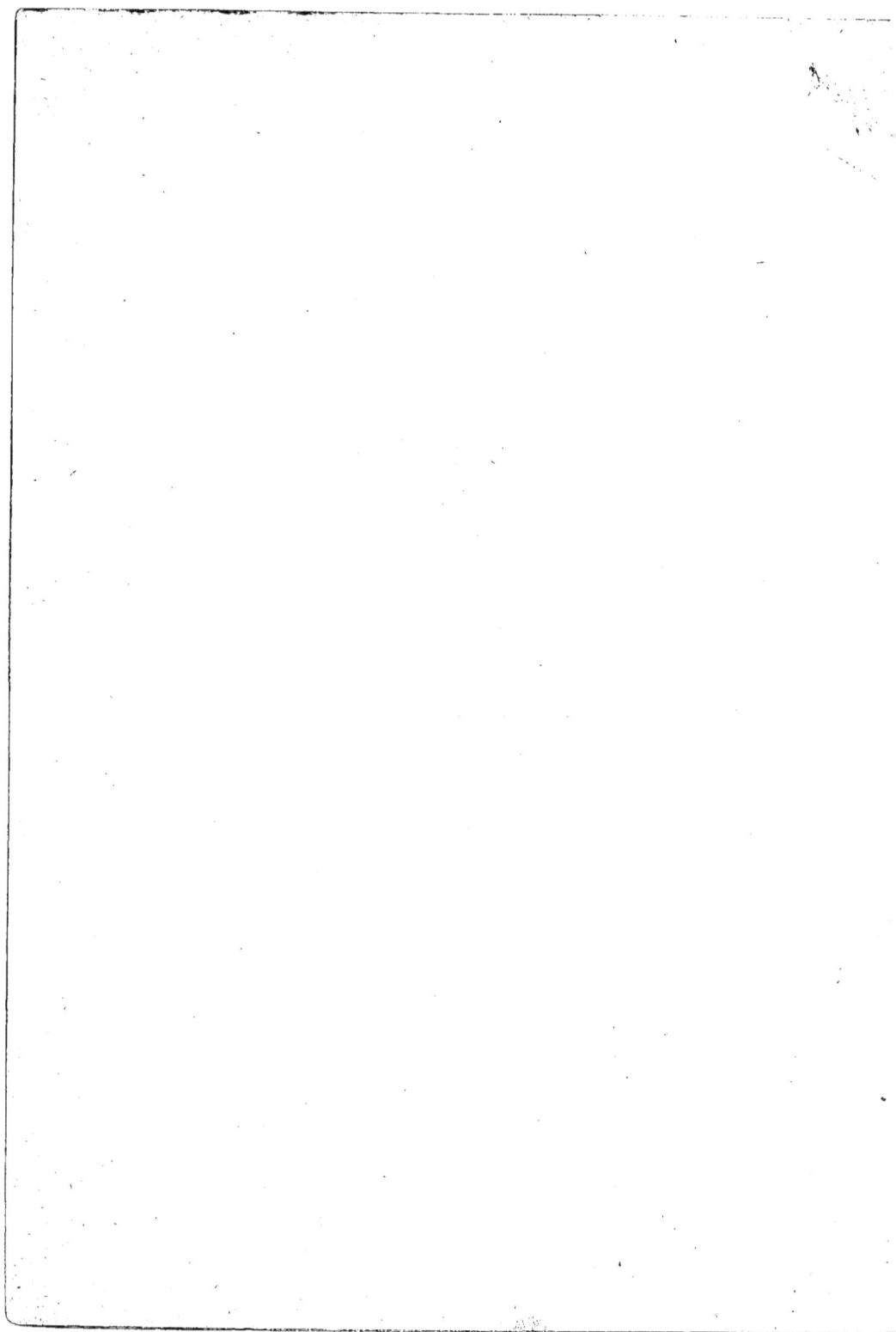

MÉMOIRE

SUR

UN ENFANT QUADRUPÈDE,

NÉ A PARIS ET VIVANT,

MONSTRUOSITÉ DÉTERMINÉE SOUS LE NOM GÉNÉRIQUE
D'ILÉADELPHE.

PAR M. GEOFFROY-S.-HILAIRE.

Lu à l'Académie royale des Sciences, le 6 septembre 1830.

L'ENFANT (1) que madame Heu, sage-femme, vient de présenter à l'Académie, et quelle a reçu le 4 juillet dernier (1830), est né à Paris, rue Vaugirard, n° 88. Le père, nommé Évrard, est un ouvrier carrossier, d'une bonne constitution; sa femme, aussi bien portante, avait déjà eu plusieurs enfants, nés tous sans aucune déformation. Livrée aux soins de son ménage, la femme Évrard s'occupe de savonnage avec quelque ardeur, et ce ne pourrait être qu'en s'employant

_____

(1) Agé d'un an et un mois, aujourd'hui 5 août 1831.

ainsi qu'elle aurait put se blesser. Ses souvenirs lui disent
que dans sa vivacité extrême elle s'est quelquefois heurtée et
meurtrie, principalement à la région du bassin, mais aucun
de ses souvenirs ne s'applique toutefois aux faits de sa der-
nière grossesse. Cependant cette grossesse n'eut pas le cours
réglé des précédentes ; elle fut troublée par des malaises et
des écoulements en blanc et en rouge, qui durèrent de la
fin du premier mois au commencement du cinquième.

  C'est dans ces circonstances qu'arrivant le terme ordinaire
du développement fœtal, la femme Évrard mit au monde,
après un travail simple et naturel, son dernier enfant, né
double inférieurement, depuis et y compris le bassin.

La première impression que fait éprouver cet enfant, si
nous nous occupons d'abord de son avenir, c'est-à-dire de
lui comme devant appartenir à la classe ouvrière de la société,
impression d'abord d'un intérêt compatissant, se trouve, dans
le moment suivant, tempérée par la réflexion consolante
qu'il est peu d'états que cet enfant ne puisse embrasser ; car
enfin il réunit en lui, entièrement et dans des rapports con-
venables, toutes les conditions de l'humanité, toutes les parties organiques d'un sujet normal. Un second train posté-
rieur qu'il porte en plus, si c'est une surcharge, ne constitue
cependant pas un fardeau entravant le jeu des autres organes
essentiels. La situation respective des parties surnuméraires,
réglée à l'origine par des effets d'adhérence au dedans des
enveloppes placentaires, s'est maintenue après la naissance
du sujet. Les principales jointures articulaires étant frappées
d'ankilose, cela ne saurait empêcher de tirer un parti avan-

tageux de ce surcoît d'organisation, car des fesses en plus, grasses et potelées, pourraient avoir pour cet enfant, l'utilité d'un coussin favorisant sa pose, quand il voudra s'asseoir. La jambe voisine de l'appareil surnuméraire est plus faible que sa congénère ; elle est appauvrie de tout le sang qui s'engage dans l'organe surajouté. Pour obvier à cet inconvenient, il suffira de contrarier le développement des parties surnuméraires en les tenant constamment renfermées dans une poche, en les privant ainsi de mouvements, quand d'ailleurs il faudra au contraire exciter par un exercice vif et suivi le développement de la jambe née plus faible. Cela fait, le jeune Gustave Évrard (c'est le nom de l'enfant présenté aujourd'hui à l'Académie) pourra exécuter à peu près tous les actes physiologiques de l'espèce humaine.

Maintenant nous allons considérer la monstruosité en elle-même. Elle consiste dans l'existence d'un train de derrière en plus, embranché sur un bassin qui est à tous autres égards placé dans les conditions normales : un noyau osseux, lequel n'a pu, faute d'un emplacement suffisant, fournir au développement entier d'un second bassin, se trouve intercalé postérieurement et à gauche, entre la partie gauche du bassin normal et le coccyx. Cette partie surnuméraire n'a pris position qu'après avoir repoussé le coccyx au-delà de la ligne médiane et vers la droite. A cet effet, la colonne épinière, à partir des lombes, est déviée dans cette direction. Ainsi se trouve adossé à l'iléon et à l'ischion de gauche un noyau osseux, réunissant avec des conditions d'atrophie les éléments de deux os iléons et ischions, où tout au milieu est une

gorge articulaire. Il pouvait suffire et il a suffi de ces parties
intercalées pour qu'un second train de derrière survînt, et,
figurant comme un hors-d'œuvre accroché à un être d'ailleurs parfaitement régulier, réussit, sans y apporter d'obs-
tacle, à se marier aux arrangemens préfixes d'un système
organique ; comme on le pourrait dire par exemple d'une
branche innattendue qu'aurait produite le développement d'un
arbre. Chaque tête de fémur des membres surajouté est
logée dans la cavité articulaire commune, et par conséquent
à si petite distance l'une de l'autre, que les fémurs, restant
dans toute leur longueur séparés et distincts, n'ont pu chacun
se recouvrir de leurs muscles et téguments qu'après que les
parties charnues similaires se sont rencontrées et soudées,
de telle sorte qu'il n'existe qu'une seule cuisse pour l'appareil
surnuméraire, qu'une seule cuisse formée par de doubles
éléments engagés et réunis.

Mais, à partir du genou, ces parties diverses se sont dé-
doublées ; chaque jambe existe à part dans son indépendance,
aussi bien avec une propre déformation que sous une appa-
rence différente. Nous allons en traiter séparément :

1° *La jambe gauche de l'appareil surnuméraire*. Elle est
ankilosée et coudée à angle droit, de gauche à droite ; le pied,
également contourné à angle droit, laisse voir la cheville
extérieure dans une situation tout-à-fait inférieure ; l'autre
cheville occupe le centre d'une grosse tubérosité, et se trouve
ainsi sans manifestation au dehors. Ce pied, ainsi tourmenté,
est terminé seulement par deux doigts, dont l'un est double
de l'autre. (*Voyez la planche qui accompagne ce Mémoire.*)

2° *La jambe droite.* Elle est plus courte, plus ramassée, plus épaisse, et en partie engagée dans les téguments de la cuisse unique ; ce sont les mêmes renversements et contours aux malléoles ; d'ailleurs le pied reprend plus loin tout-à-fait les conditions normales ; il est terminé par cinq doigts, se trouvant exactement tous dans leurs rapports respectifs, comme position et volume. De la façon que ces pieds se sont rangés et casés dans le sac utérin pour y occuper moins de place, l'ankilose des parties articulaires les a maintenues, parce que cette ankilose, due au défaut de mouvement des parties, a imprimé tout d'abord à celles-ci des effets pour toujours persévérer.

Entre les fesses propres à chaque jambes normales existe une plus grande fesse, s'étendant sur toutes les parties réunies vers le haut de l'appareil surnuméraire ; l'anus s'ouvre dans le sinus déclive, et particulièrement vers le milieu de la rainure produite par l'abaissement de la fesse surnuméraire sur l'inclinaison en sens contraire de la fesse de la jambe droite. Au contour formé de l'autre côté, de la cuisse gauche à la cuisse surnuméraire, existe l'espace d'un pouce de large, pour favoriser par devant le placement et le débouché de l'organe sexuel ; celui-ci, du sexe masculin, est régulier ; les testicules n'ont point encore traversé l'anneau inguinal.

C'est présentement le cas d'insister sur une observation fournissant des faits importants à la théorie de la monstruosité ; je veux parler de trois cicatrices bien visibles sur le tronc surnuméraire, savoir : l'une longitudinale (*a*) à la région supérieure et médiane de la large fesse, une autre (*b*) en retour sur la cuisse, près le genou, et une troisième (*c d*) sur le pied bidigitaire consistant en une dépression circulaire.

Ces cicatrices sont les vestiges d'une bride membraneuse qui exista durant la première moitié de la grossesse, et qui répandue tout le long de la ligne médiane des membres associés, les fixa d'abord aux membranes placentaires. Il suffit pour qu'une telle bride soit produite et devienne l'ordonnée de tous les effets subséquents que nous avons décrits plus haut, que de deux germes contenant chacun un corps embryonnaire, l'un soit déchiré et épanche ses fluides, et de plus qu'il ne soit pas pourvu trop promptement à la restauration de cette déchirure. Les plaies rapidement cicatrisées font avorter les faits de monstruosité, l'organisation rentrant dèslors dans ses conditions normales. Mais qu'il n'en soit pas ainsi et que les premières tendances à déviation persévèrent, d'autres circonstances concourent à laisser le champ libre à la monstruosité. Ainsi à la suite de la vidange des eaux de l'amnios, le corps embryonnaire est mis par les contractions de l'utérus en plein contact avec les enveloppes placentaires ; renfermé et tout empaqueté qu'il est alors dans ses membranes, il est par les contractions persévérantes de l'utérus rapproché du second œuf, celui-ci se trouvant maintenu sain et sans altération. Alors il faut bien qu'entre les deux embryons, celui-ci, libre dans son amnios, et celui-là froissé et tout gêné par des membranes plissées, qui le tiennent empaquetés, il existe ou l'une ou l'autre des positions suivantes : Ou bien l'approche des deux embryons s'est faite de telle sorte que des parties respectivement les mêmes chez tous deux soient en regard, et se présentent face à face ; ou bien non. Dans le cas de la négative, aucune affinité n'est exercée ; chaque germe reste renfermé dans sa poche, tous deux procédant séparément à leur développement, l'un régulièrement et l'autre monstrueusement. Alors se développent les faits dont j'ai rendu compte dans un mémoire ayant pour titre : *Sur quelques conditions générales de l'acéphalie complète*, et que j'ai publié dans la *Revue médicale*, en juillet 1826 ; alors, dis-je, deux frères jumeaux, sous l'intervention aussi indispensable qu'active d'un seul placenta à double loge, poursuivent leur développement ; l'un qui s'établit régulièrement, et l'autre qui croît sans tête et qui quelquefois aussi n'a ni tête ni tronc, et ne consiste que dans l'existence d'un train de derrière ; sujet alors uniquement constitué au moyen de deux jambes et de l'appareil sacro-coccygien.

Qu'il arrive au contraire à des parties respectivement les mêmes de se rencontrer face à face, c'en est assez pour que la force d'affinité s'exerce sous les raisons suivantes. Des éléments homogènes en présence sont entraînés par leur tendance réciproque, ils s'approchent, se joignent et se soudent ensemble. Je me suis ainsi rendu compte des faits de conformation anomale qui frappent en la personne de Gustave Évrard. Je ne reproduirai pas ici mes idées théoriques sur cette matière ; je viens tout récemment, en traitant des monstres ischiadelphes, de les exposer avec détail : je m'en réfère à ce travail (1).

---

(1) Imprimé dans le *Journal complémentaire*, t. 37, cahier 146, p. 133.

Maintenant toutes les déformations des membres surnuméraires ne sont certainement que des faits conséquents à l'ordonnée que j'ai plus haut signalée. Une bride membraneuse a d'abord traversé de part en part la poche fœtale des membres surnuméraires. Sur les flancs à droite et à gauche de cette bride, les éléments formateurs des deux jambes se sont d'abord déposés : ce qui se poursuit avec d'autant plus d'efficacité que les organes produits gagnent en volume, et qu'agissant par résorption sur la bride, ils en déterminent l'atrophie, puis la rupture. Ainsi arrive un moment où le sujet n'est plus attaché qu'à ses deux extrémités. Or c'était là où en étaient les choses, lorsque naquit Gustave Évrard. Les cicatrices qui en témoignent encore après deux mois d'âge, s'effaceront sans doute avec l'âge, étant, je pense, destinées à disparaître entièrement.

Trente-neuf cas d'acéphalie dont j'ai rapporté quelques circonstances dans mon article précité, s'accordent en ce point (1), que la poche fœtale de tout monstre acéphale a peu de capacité, et contient très peu d'eau : ils s'accordent encore sous ce rapport, que les membres des 39 sujets étaient entièrement et bizarrement déformés à leurs extrémités. Tout joint au jumeau normal que l'est dans le cas que nous exa-

---

(1) A ces faits déjà nombreux, il faut ajouter les trois cas d'acéphalie dont le savant professeur J.-D. Herholdt traite, dans son livre publié en danois, de 1828 et 1829, et tout récemment traduit en allemand. J'y ai trouvé que chaque sujet imparfait qu'il a décrit avait été produit conjointement avec un frère établi régulièrement. J'avais donné ce fait comme général en 1826.

minons le train de derrière, seul reste développé d'un autre germe, c'est un fait de même ordre que quand les jumeaux sont séparés. Aussi faut-il comprendre dans les mêmes explications les déformations de ces membres surnuméraires. Ces explications sont données nettement et simplement dans l'exposé suivant :

La réunion des muscles fémoraux, le peu de longueur des jambes, le raccourcissement moindre de l'une, la forme plus ramassée et plus acculée sur la cuisse de l'autre, l'ankilose des jointures articulaires, la torsion de malléoles, la non-production de quelques doigts, tous ces résultats se trouvent acquis ou successivement a l'égard de quelques-uns, ou simultanément pour les autres, et dépendent des forces vives de l'organisation, mais qui sont contrariées dans leur tendance à reproduire l'ordinaire développement de ces parties. Et, en effet, les empêchements proviennent du peu de capacité de la poche fœtale, et, à la fois, des adhérences aux enveloppes ambiantes qui retiennent, dans le commencement de la gestation, le corps embryonnaire. C'est la faculté d'agir par extension ou par flexion qui laisse toute facilité à un libre développement : où celle-ci n'est pas, arrivent comme autant d'effets nécessaires les soudures, les ankiloses, les contractions ou refoulements des membres, et la non-production de quelques doigts, qui vicient l'organisation secondairement. Et quand sur la fin de la gestation d'aussi puissantes interventions cèdent par un débridement qu'amène la supériorité d'influence du fœtus sur les enveloppes, il n'est plus alors rien de réparable ; les premiers arrangements subits se

conservent : en sorte que toutes les déformations que nous avons rappelées ne seraient, ne sont vraiment, au fond, que la conséquence d'une principale ordonnée ; celle de l'existence d'une bride, celle-ci causée ordinairement par une lésion du monde extérieur, quelquefois inaperçue et simplement alors considérée comme un malaise par les femmes enceintes.

On est peut-être surpris que je n'emploie pas un langage dubitatif ou d'hésitation en parlant de l'organisation d'un sujet vivant, surtout en traitant de ce qui fut dans les différentes époques des développements utérins. Je dois compte des motifs de cette confiance et les produits ainsi. Je ne m'avance qu'avec des connaissances acquises, qu'étant bien informé par de nombreuses observations, où j'ai vraiment surpris la nature sur le fait. Tous les monstres que l'on embrasse sous le nom très impropre d'*éventration*, à cause de leurs viscères faisant hernie au dehors de l'abdomen et que je range sous quatre chefs ou dans quatre genres, m'ont plus particulièrement donné tous les accidents successifs d'une gestation troublée par des brides aponévrotiques. C'est dans ces études que j'ai puisé une partie des renseignements dont je viens de faire usage.

Je vais terminer par dire un mot de quelques cas analogues, sinon semblables. Aldrovande, en son livre *De Monstris*, parle de plusieurs enfants quadrupèdes, et donne, page 535, d'après Jacques Roux, la figure de l'un d'eux, né à Rome. Ce savant naturalliste avait accordé plus d'attention aux ciseaux pourvus d'un second train de derrière, quelques-uns étant dans la possibilité de se servir simultanément de leurs quatre pieds. Ainsi il a fait représenter, comme se trouvant dans ce cas, trois poulets, pages 551, 552, 553; un oie, page 564; trois pigeons, pages 565, 566 et 568, puis enfin un chardonneret, page 569. On trouve aussi dans le *Recueil des écarts de la nature*, par Rilgnault et sa femme, un poulet quadrupède, pl. 5, lequel n'avait put se servir du train surnuméraire, les pieds en étant plus cours et déformés, et un pigeon, pl. 23, qui, au contraire, posait facilement sur ses quatre pattes et faisait usage de toutes dans la marche.

C'est un poulet établi comme dans les exemples d'Aldrovande, pages 566 et 568, ou comme le poulet du *Recueil des écarts de la nature*, pl. 5, qui est vivant à Éstampe et qui reproduit à tous égards le cas de monstruosité de l'enfant Gustave Évrard. D'une seule cuisse à double fémur sortent deux jambes mal conformées, ramassées, inégales et avec jointures ankilosées. Je l'ai fait demander pour satisfaire au désir exprimé lundi dernier par M. le président : mais les propriétaires de ce poulet ont spéculé sur notre besoin et ont mis à si haut prix la vente, ou même la simple communication de leur oiseau, qu'il a fallu y renoncer.

Au défaut de ce poulet vivant, je présente un oie de notre ménagerie, à trois pattes ; c'est le même cas de monstruosité, mais qui n'a porté ses effets que sur une jambe. La patte consistant en ses parties digitales manque toutefois, depuis quelques mois seulement. Pendante et traînée à terre elle se revêtissait d'une couche de vase ; ce qui repris par l'action solaire, devenait une croûte, ou une sorte de tunique de consistance pierreuse. Soit compression des vaisseaux se rendant

à la peau, soit peut-être aussi effet d'un refroidissement pro-
longé, cette patte a cessé d'être nourrie, et il lui est arrivé
comme au bois des cerfs de se détacher à la manière d'une
branche morte. La séparation qui s'en est faite a laissé des
traces : car il n'est resté du tarse qu'un moignon court et
couvert d'une peau rugeuse. En revanche, la jambe a été
extraordinairement nourrie, au point d'avoir été transformée
en une tubérosité ovoïde et considérable. Je reviendrai sur
cette circonstance, quand, après la mort du sujet, quelques
études d'anatomie auront été praticables.

Les faits décrits dans ce mémoire étant reproduits de la
même façon tant chez l'homme que chez les animaux, et for-
mant un ensemble d'organisation dont les limites sont posées
avec rigueur, doivent être, en outre, repris et considérés
zoologiquement ; sous ce rapport et pour être classés avec
toutes les autres déterminations concernant les êtres de la
monstruosité, ils constituent les éléments caractéristiques
d'une nouvelle famille, que je propose de distinguer sous le
nom d'ILÉADELPHE, c'est-à-dire, frères jumeaux joints ensemble par les iléons.

Héxadelphe

ADDITION AU MÉMOIRE PRÉCÉDENT.

Je viens de revoir, le 7 août 1831, l'enfant aux quatre pieds, Gustave Évrard. Il est sevré et continue à se bien porter. Ses deux trains de derrière prennent respectivement un égal développement. Bien loin que leurs trois cicatrices s'effacent, elles se prononcent davantage ; celle (a) de la double fesse laisse voir aujourd'hui une rainure de sept lignes de long et d'un rouge incarnat ; la seconde (b) à la cuisse forme une trace brune aussi longue, mais moins profonde ; quant à la troisième (c d), elle m'avait paru autrefois ne constituer à la naissance du pied bidigitaire qu'un enfoncement à bord circulaire, mais cette dépression est présentement une cavité assez profonde ; laquelle se prolonge, jusque tout auprès de l'ongle et sur une étendue de dix lignes, par un trait sans relief, ni profondeur, faisant paraître la peau plus lisse et brillante. J'ai pu vérifier à quoi tenait le plus de vigueur de ces cicatrices : c'est à leur fixation sur le périoste même de l'os, rendue aujourd'hui plus sensible, parce que les muscles et la graisse que les développements de l'âge amènent sous la peau, n'y débridant pas les cicatrices, forme ressaut de chaque côté. Il me paraît d'après cela certain, que la bride générale, cause et ordonnée de la monstruosité, ayant régné sans interruption depuis a jusqu'en d durant la première moitié de la gestation, était formée dans le principe par le périoste même des os conjoints. Ayant pu cette fois soumettre l'enfant Évrard à une exploration plus attentive, j'ai manifestement senti sous le doigt une rainure profonde a l'os de la double cuisse, rainure indiquant la ligne de partage des deux fémurs soudés ensemble.

La bourse testiculaire est présentement remplie, mais par deux testicules très inégaux en volume : celui de grandeur ordinaire était situé antérieurement. Tout à l'arrière de cette grande bourse, et gagnant vers la marche de l'anus, était un autre et très petit scrotum : cette autre poche, dont je n'avais pas eu occasion de parler dans l'article précédent, est restée vide.

Nota. *Les traits placés sur la cuisse double et sur la jambe bidigitaire indiquent le trajet de la bride, ayant fixé l'embryon aux membranes placentaires, durant la première époque de la gestation.*

LYON. — IMPRIMERIE DE BOURSY FILS.

www.ingramcontent.com/pod-product-compliance
Lightning Source LLC
Chambersburg PA
CBHW070155200326
41520CB00018B/5416